SCANNEN SIE DEN CODE EIN, UM AUF IHRE KOSTENLOSE DIGITALE KOPIE ZUZUGREIFEN

DIESES BUCH
GEHÖRT

_____

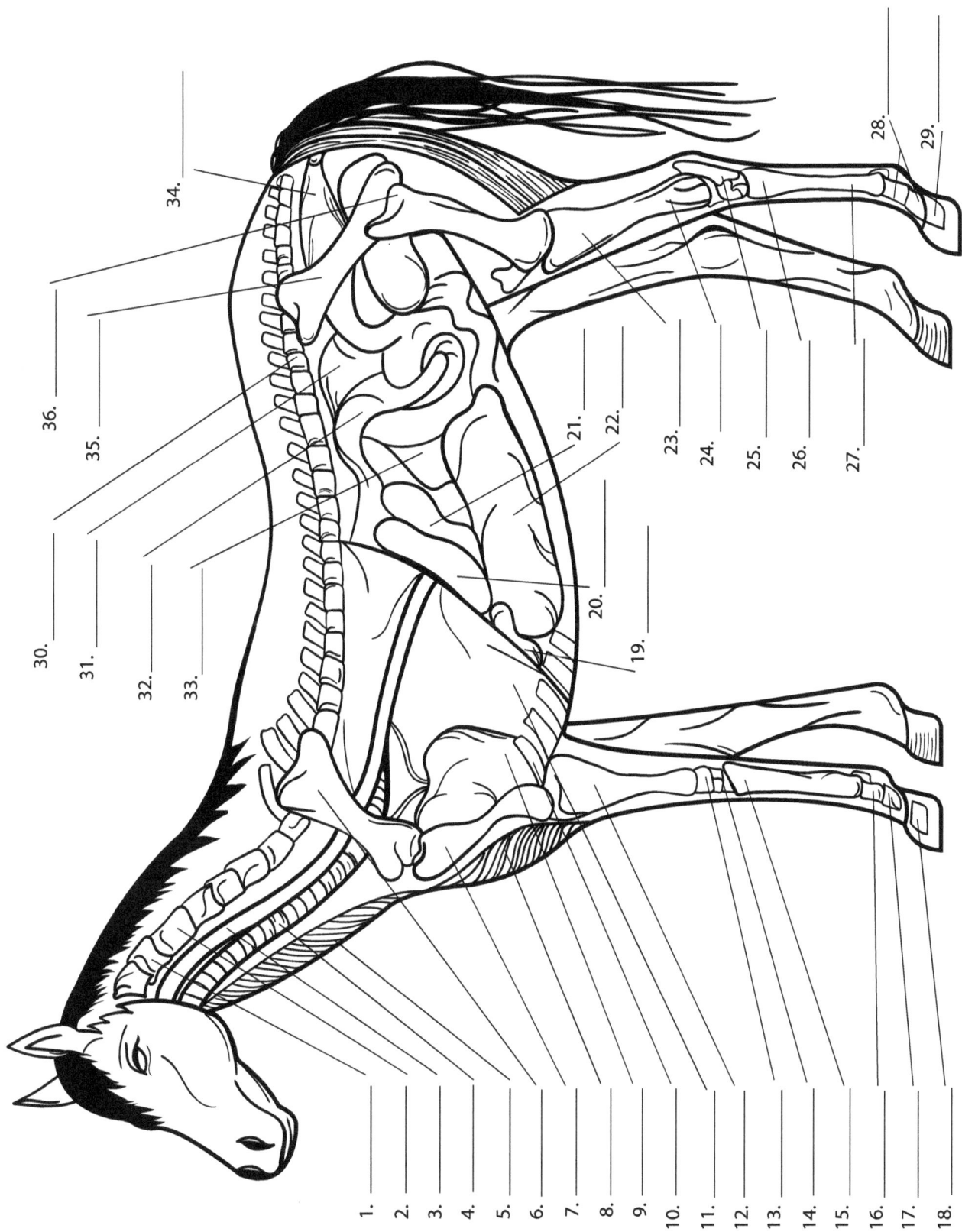

EQUUS - PFERD

1.

2.

3.

4.

5.

6.

7.

8.

9.

10.

11.

12.

13.

14.

15.

16.

17.

18.

19.

20.

21.

22.

23.

24.

25.

26.

27.

28.

29.

30.

31.

32.

33.

34.

35.

36.

EQUUS - PFERD

1. Atlas
2. Achse
3. Speiseröhre
4. Luftröhre
5. Sternocephaligus-Muskel
6. Scapula
7. Humerus
8. Oberflächlicher kranialer Muskel
9. Herz
10. Ulna
11. Lunge
12. Radius
13. Knie
14. Handwurzelknochen
15. Kanone
16. Langes Fesselbein
17. Kurzes Fesselbein
18. Fußknochen
19. Leber
20. Milz
21. Niere
22. Dickdarm
23. Tibia
24. Fibel
25. Fußwurzelknochen
26. Schiene Knochen
27. Kanonenknochen
28. Fesselknochen
29. Pedal-Knochen
30. Wirbel
31. Zökum
32. Dünndarm
33. Magen
34. Rektum
35. Becken
36. Femur

PISCIS -FISCH

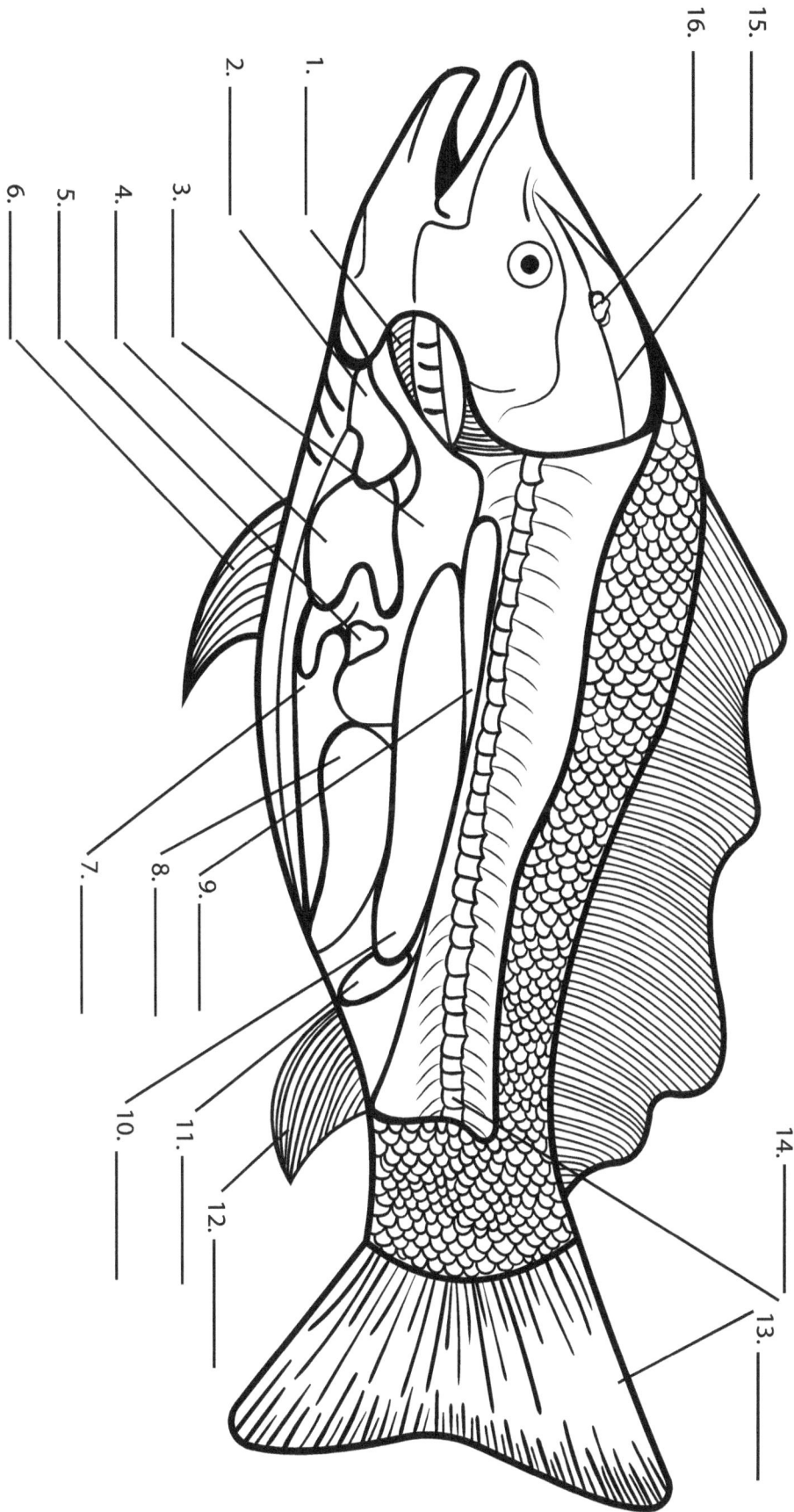

1.
2.
3.
4.
5.
6.
7.
8.
9.
10.
11.
12.
13.
14.
15.
16.

PISCIS -FISCH

1. Kieme
2. Herz
3. Magen
4. Leber
5. Milz
6. Bauchflosse
7. Darm
8. Gonade
9. Niere
10. Schwimmblase
11. Harnblase
12. Afterflosse
13. Schwanzflosse
14. Die Wirbelsäule
15. Rückenmark
16. Gehirn

PORCUS - SCHWEIN

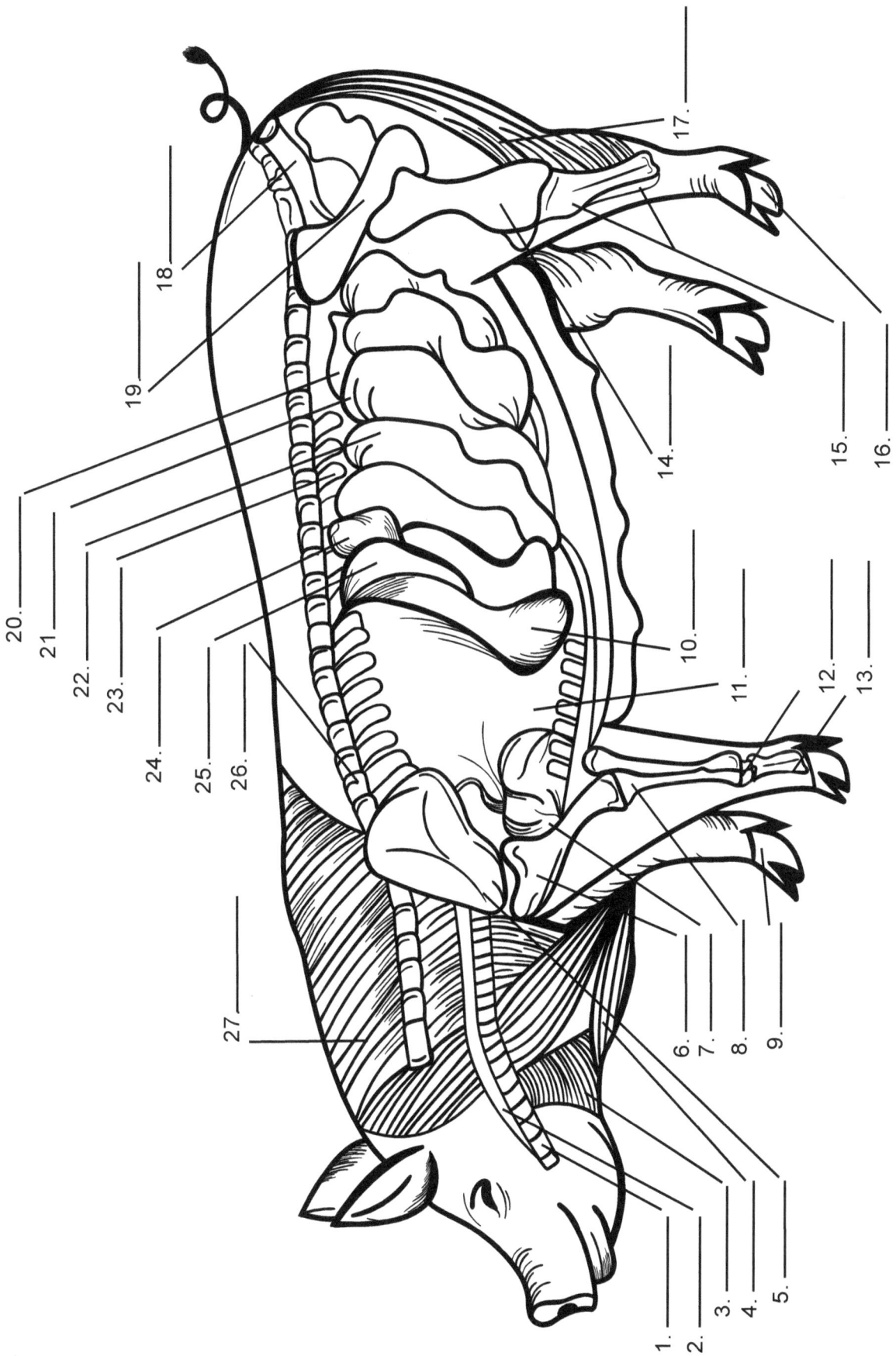

PORCUS - SCHWEIN

1. Speiseröhre

2. Luftröhre

3. Kaumuskel

4. Sternohyoideus-Muskel

5. Scapula

6. Humerus

7. Herz

8. Radius und Ulna

9. Fingerknochen

10. Leber

11. Lungen

12. Carpus

13. Metakarpus

14. Wadenbein & Schienbein

15. Tarsus

16. Fingerknochen

17. Bizeps-Femoris-Muskel

18. Rektum

19. Femur

20. Zökum

21. Dickdarm

22. Dünndarm

23. Rippen

24. Milz

25. Niere

26. Wirbel

27. Trapezius-Muskel

PULLUM - HUHN

1.
2.
3.
4.
5.
6.
7.
8.
9.
10.
11.
12.

25 .
24.
23 .
22 .
21 .
20 .
19 .
18.
17 .
16 .
15 .
14 .
13 .

PULLUM - HUHN

1. Nasenflügel
2. Larnyx
3. Luftröhre
4. Speiseröhre
5. Ernte
6. Herz
7. Gallenblase
8. Proventriculus
9. Milz
10. Leber
11. Kaumagen
12. Klaue
13. Bauchspeicheldrüse
14. Duoneale Schleife
15. Dünndarm
16. Caeca
17. Dickdarm
18. Kloake
19. Eileiter
20. Eierstock
21. Niere
22. Lungen
23. Bronchien
24. Wirbelsäule
25. Gehirn

BOS TAURUS - KUH

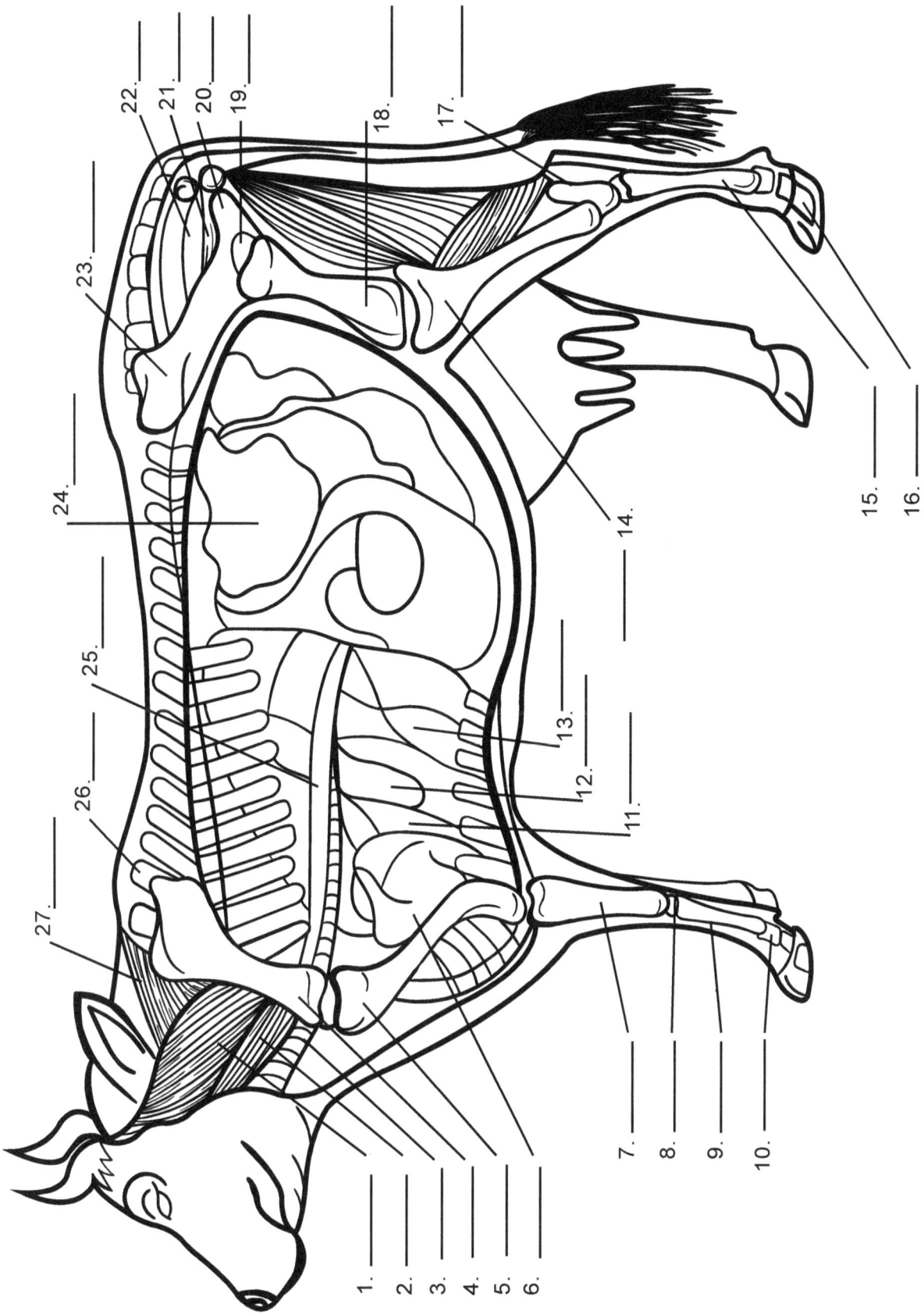

BOS TAURUS - KUH

1. Brachiozephalicus-Muskel
2. Sternocephalicus-Muskel
3. Luftröhre
4. Scapula
5. Humerus
6. Herz
7. Radius und Ulna
8. Karpalgelenk
9. Metakarpus
10. Fesselgelenk
11. Leber
12. Milz
13. Omasum
14. Schienbein & Wadenbein
15. Metatarsus
16. Sarg-Gelenk
17. Tarsalgelenk
18. Femur
19. Hüftgelenk
20. Ischium
21. Vagina
22. Rektum
23. Illium
24. Pansen
25. Speiseröhre
26. Rippen
27. Trapezius

TESTUDO - MEERESSCHILDKRÖTE

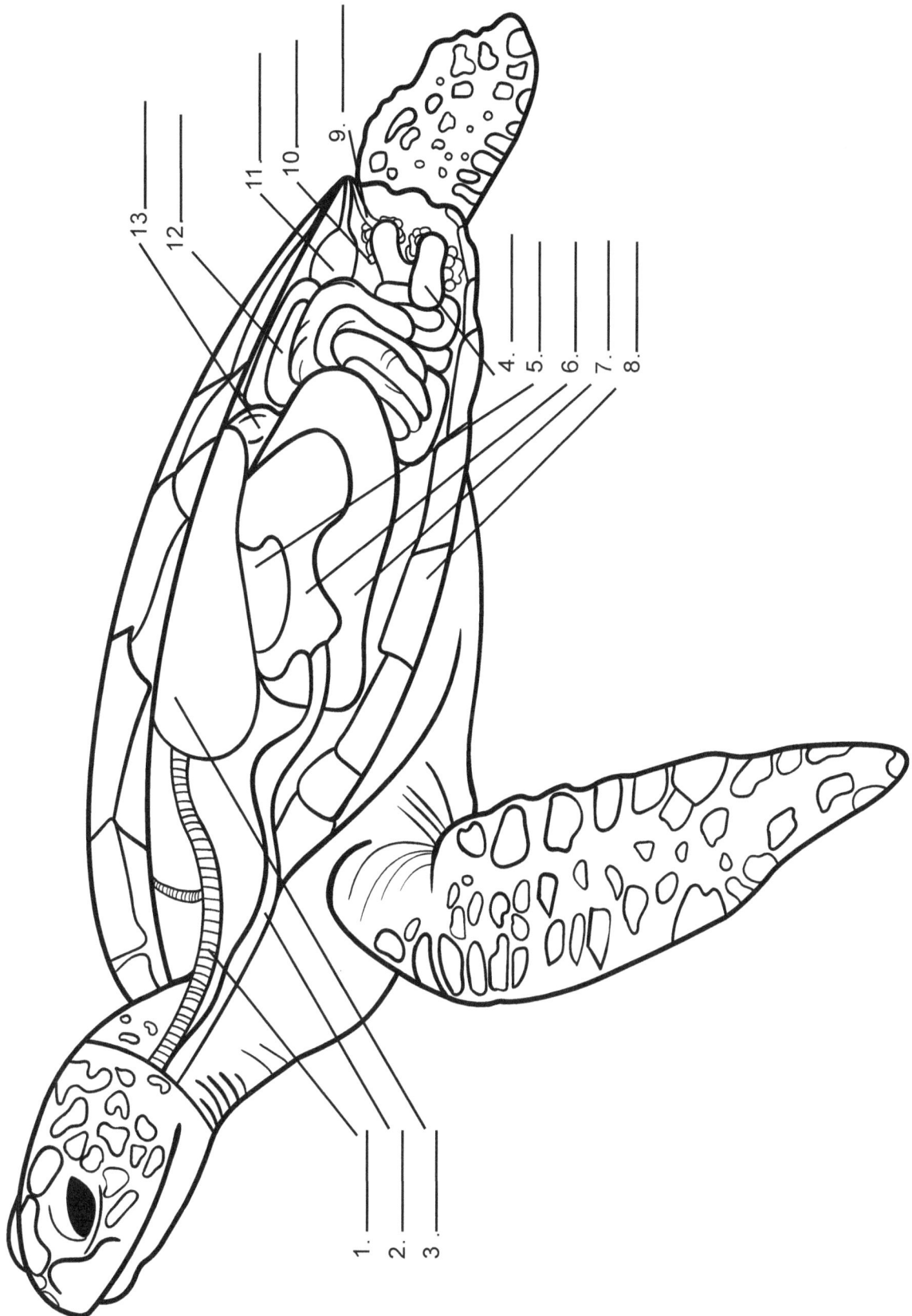

TESTUDO - MEERESSCHILDKRÖTE

1. Luftröhre
2. Speiseröhre
3. Lunge
4. Niere
5. Herz
6. Magen
7. Leber
8. Randschale
9. Eileiter
10. Eierstock
11. Kloake
12. Eingeweide
13. Bauchspeicheldrüse

SELACHIMORPHA - HAI

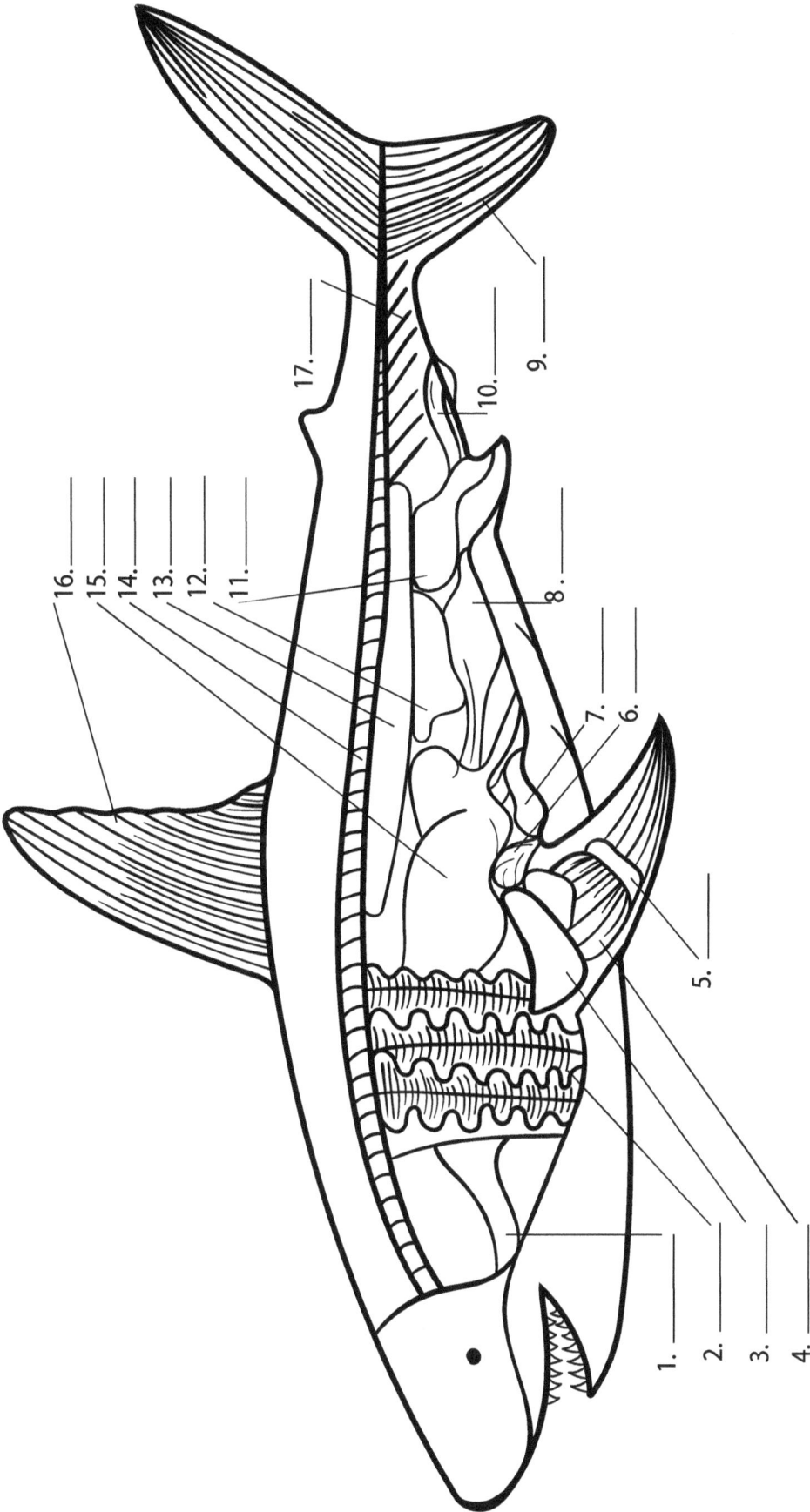

17.

10.

9.

16.

15.

14.

13.

12.

11.

8.

7.

6.

5.

1.

2.

3.

4.

SELACHIMORPHA - HAI

1. Speiseröhre

2. Kiemen

3. Knorpel

4. Flossenknorpel

5. Unterstützung der Brustflosse

6. Herz

7. Milz

8. Uterus

9. Cadual-Flosse

10. Kloake

11. Darm

12. Niere

13. Leber

14. Wirbel

15. Magen

16. Rückenflosse

FELIS CATUS - HAUSKATZE

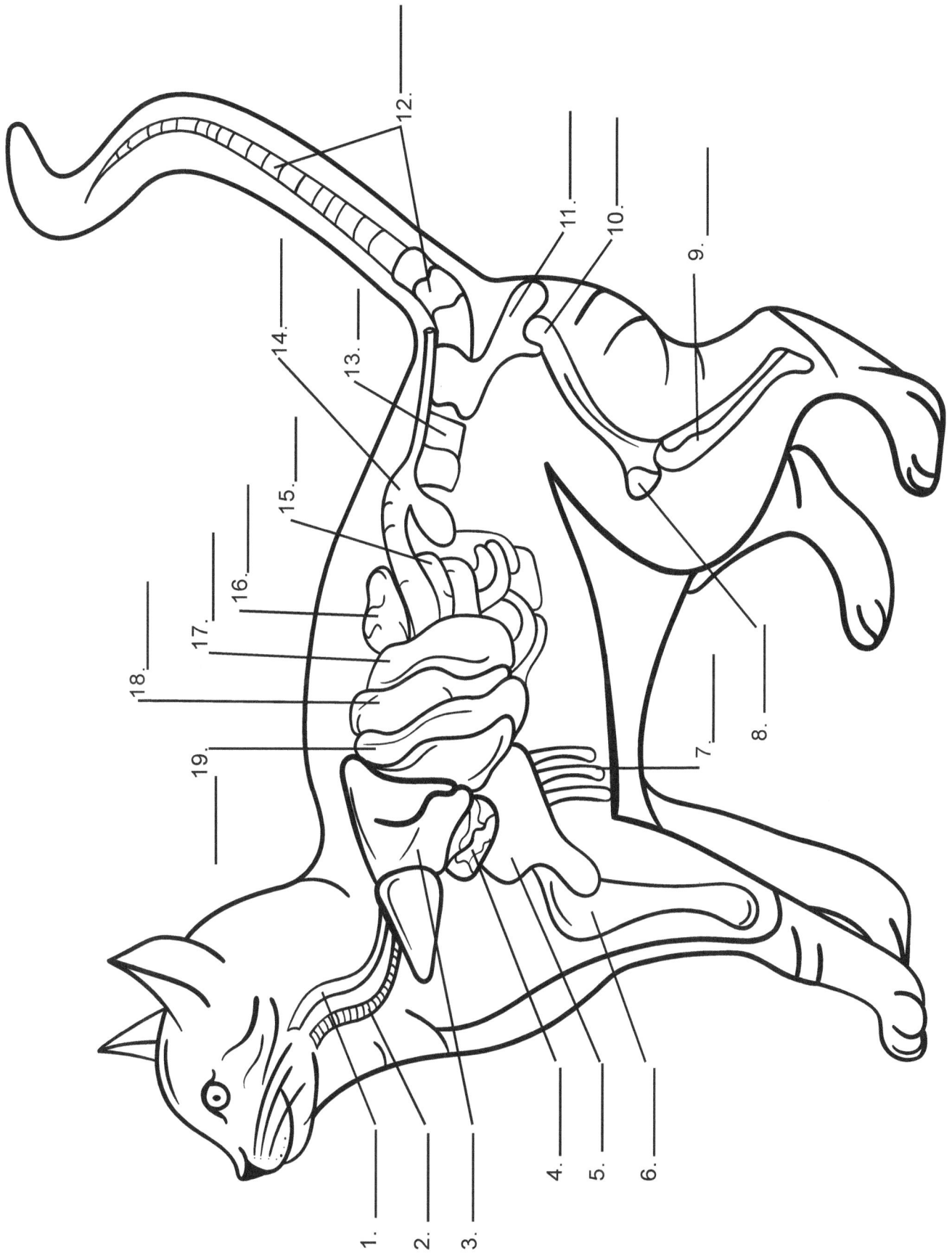

FELIS CATUS - HAUSKATZE

1. Luftröhre
2. Speiseröhre
3. Lungen
4. Herz
5. Scapula
6. Humerus
7. Rippen
8. Pattela
9. Schienbein & Wadenbein
10. Femur
11. Becken
12. Steißbeinwirbel
13. Lendenwirbel
14. Doppelpunkt
15. Darm
16. Niere
17. Milz
18. Magen
19. Leber

CANIS LUPUS FAMILIARIS - HAUSHUND

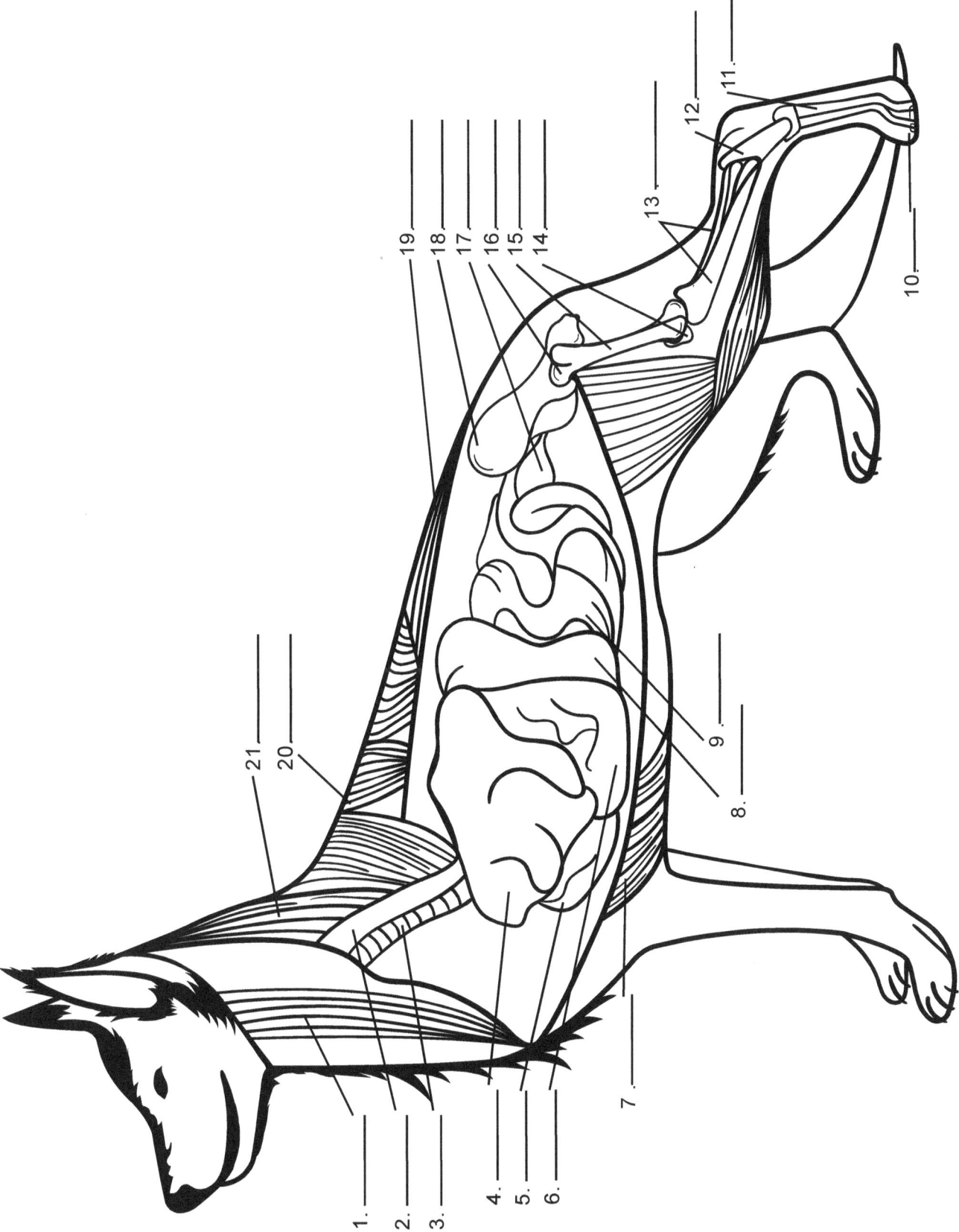

CANIS LUPUS FAMILIARIS - HAUSHUND

1. Sternomastoideus
2. Speiseröhre
3. Luftröhre
4. Lungen
5. Herz
6. Leber
7. Pectoralis profundus
8. Magen
9. Darm
10. Fingerknochen
11. Mittelfußknochen
12. Sprunggelenk
13. Schienbein & Wadenbein
14. Patella
15. Femur
16. Hüftgelenk
17. Niere
18. Becken
19. Longissimus und Iliocostalis-Muskel
20. Trapezius
21. Cleidocervicalis-Muskel

KROKODILE - KROKODIL

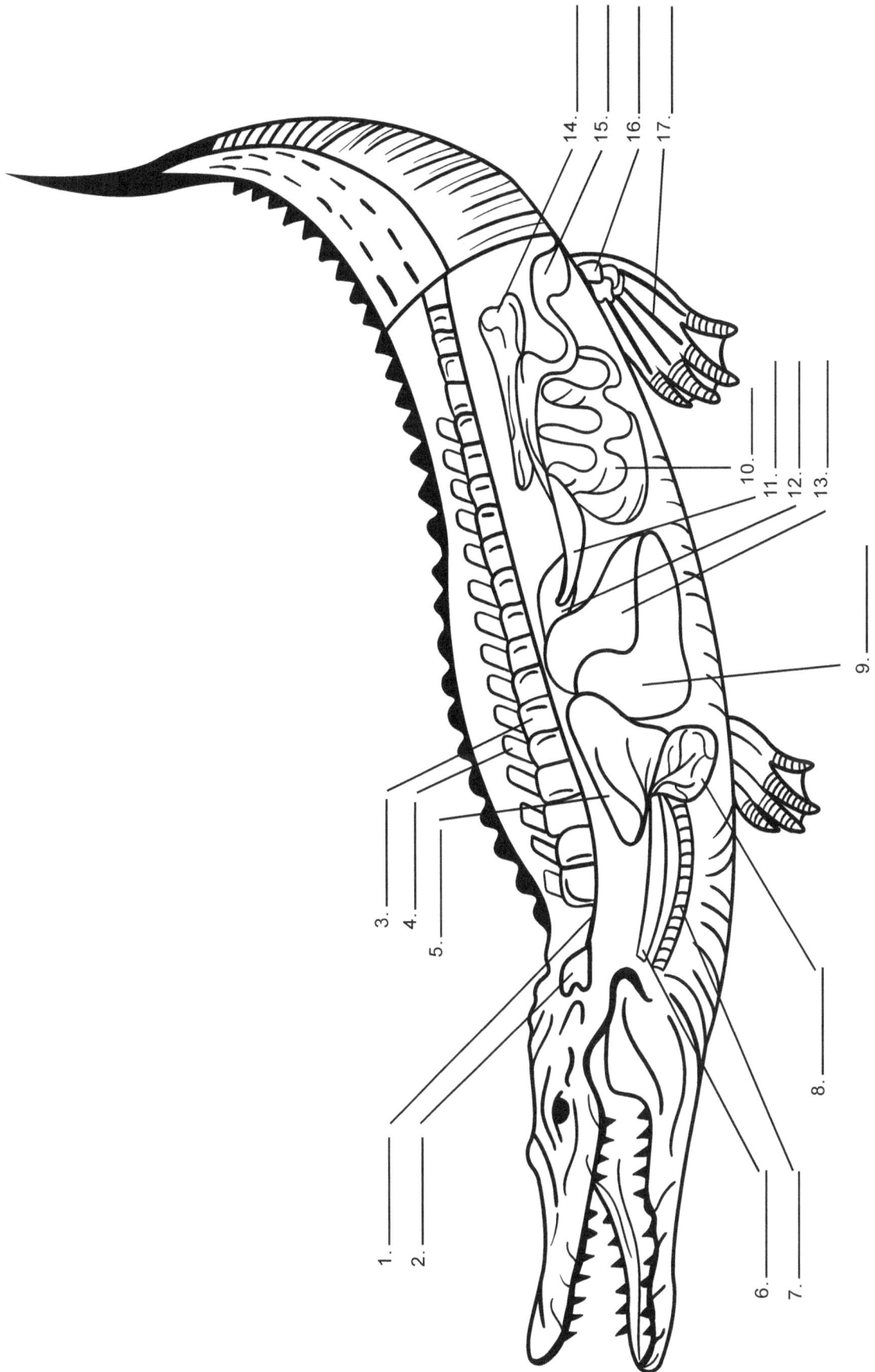

14.
15.
16.
17.

10.
11.
12.
13.

9.

3.
4.
5.

8.

1.
2.

6.
7.

KROKODILE - KROKODIL

1.   Rückenmark
2.   Kleinhirn
3.   Wirbel
4.   Rippen
5.   Lunge
6.   Speiseröhre
7.   Luftröhre
8.   Herz
9.   Leber
10. Darm
11. Hoden
12. Milz
13. Magen
14. Niere
15. Kloake
16. Tarsus
17. Metatarsus

LEPUS - KANINCHEN

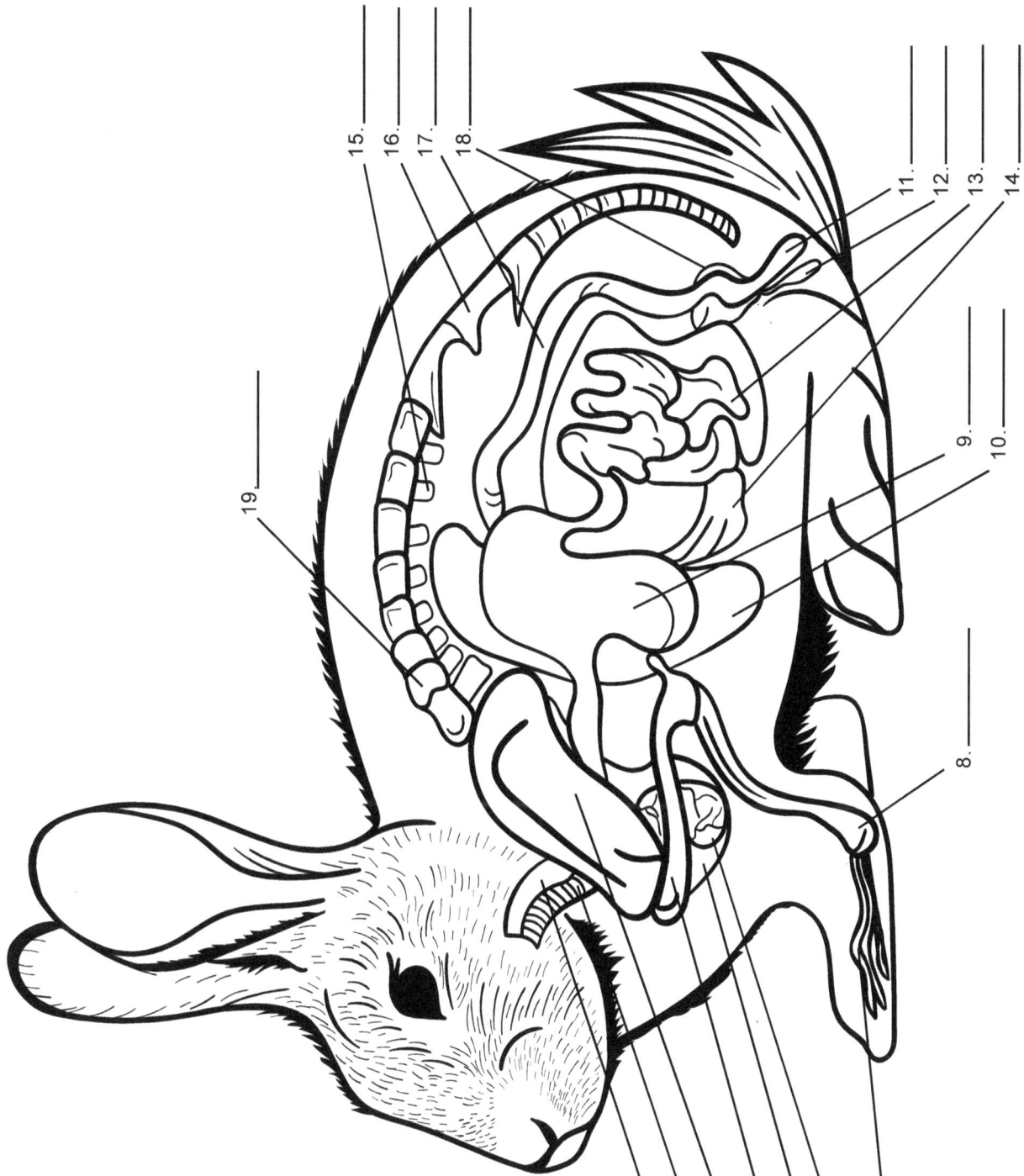

LEPUS - KANINCHEN

1. Speiseröhre
2. Luftröhre
3. Scapula
4. Humerus
5. Lunge
6. Herz
7. Fingerknochen
8. Radius und Ulna
9. Magen
10. Leber
11. Rektum
12. Urethra
13. Dickdarm
14. Anhang
15. Rippen
16. Wirbelsäule
17. Dünndarm
18. Blase
19. Wirbel

COLUMBÆ OFFERET - PIDGEON

1. _____
2. _____
3. _____
4. _____
5. _____
6. _____
7. _____
8. _____
9. _____
10. _____
11. _____
12. _____
13. _____
14. _____

COLUMBÆ OFFERET - PIDGEON

1. Speiseröhre
2. Luftröhre
3. Lunge
4. Ernte
5. Herz
6. Kaumagen
7. Niere
8. Duodenum
9. Ureter
10. Kloake
11. Rektum
12. Bauchspeicheldrüse
13. Leber
14. Magen

GIRAFFA CAMELOPARDALIS - GIRAFFE

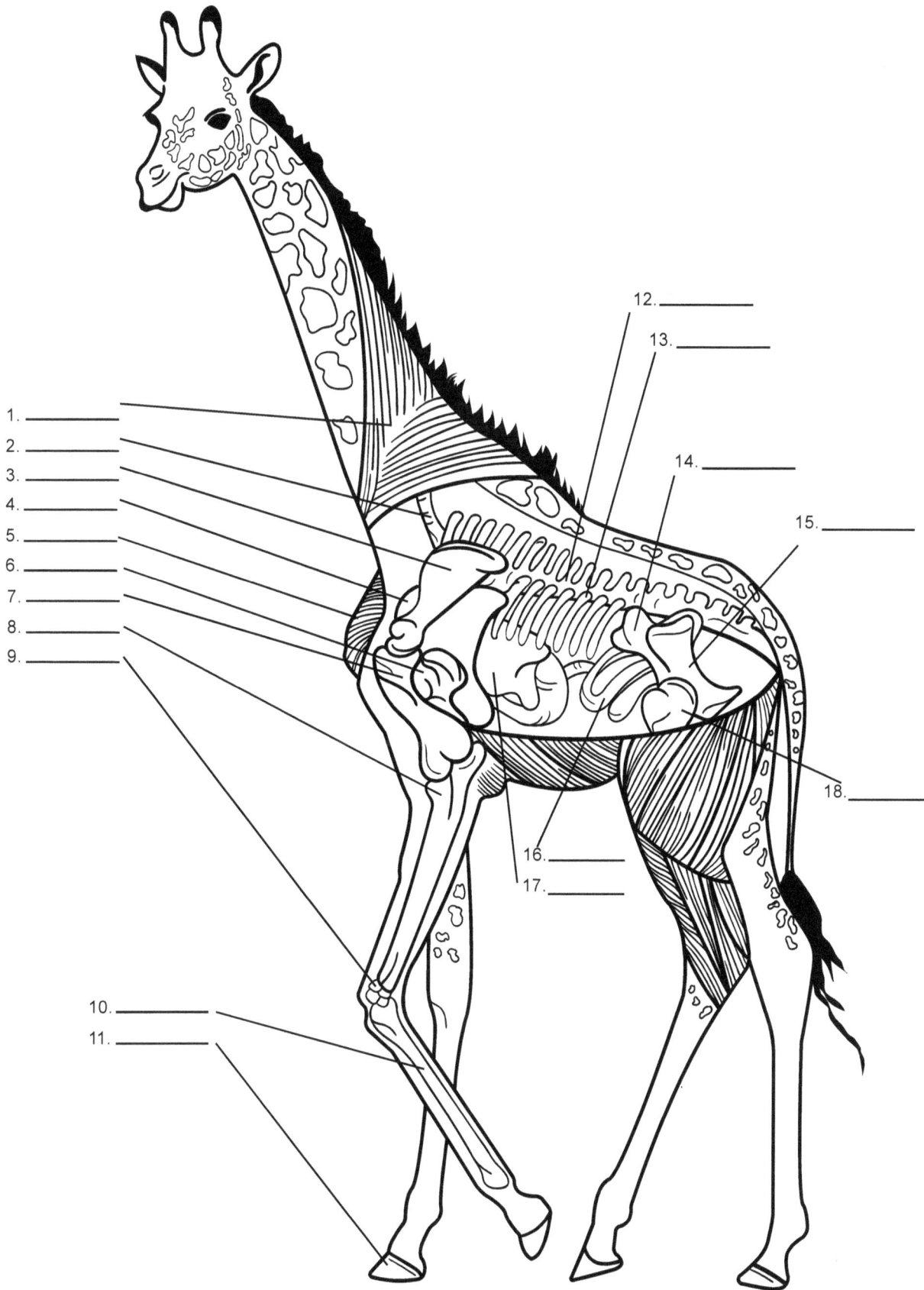

1. _____
2. _____
3. _____
4. _____
5. _____
6. _____
7. _____
8. _____
9. _____

10. _____
11. _____

12. _____
13. _____
14. _____
15. _____

16. _____
17. _____

18. _____

GIRAFFA CAMELOPARDALIS - GIRAFFE

1.   Trapezius

2.   Speiseröhre

3.   Scapula

4.   Lunge

5.   Trizeps

6.   Herz

7.   Humerus

8.   Ulna

9.   Korpus-Verbindungen

10.   Metakarpus

11.   Fingerknochen

12.   Wirbel

13.   Rippen

14.   Ossa-Becken

15.   Tibia

16.   Darm

17.   Magen

18.   Patella

ELEPHANTUS - ELEPAHNT

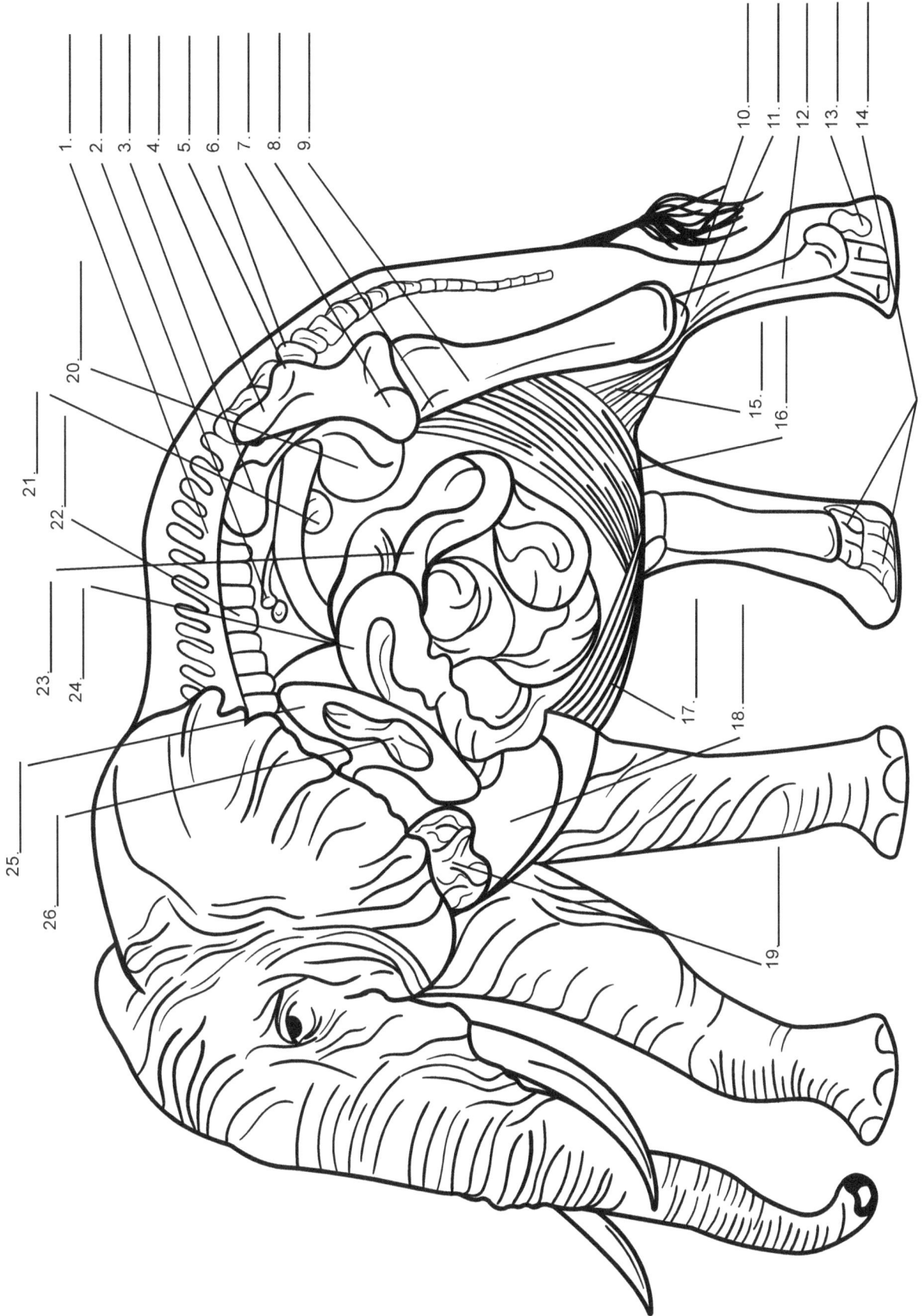

1.
2.
3.
4.
5.
6.
7.
8.
9.
10.
11.
12.
13.
14.
15.
16.
17.
18.
19.
20.
21.
22.
23.
24.
25.
26.

ELEPHANTUS - ELEFANT

1. Wirbel
2. Eierstock
3. Niere
4. Wappen
5. Illium
6. Sacrum
7. Becken
8. Hüftgelenk
9. Femur
10. Patella
11. Tuberositas tibiae
12. Schienbein & Wadenbein
13. Calcaneus
14. Karpaten & Mittelhandknochen & Phalangen
15. Vastus lateralis
16. Externe abdominale Schrägen
17. Pectoralis
18. Lunge
19. Herz
20. Harnblase
21. Uterus
22. Rippen
23. Dickdarm
24. Dünndarm
25. Magen
26. Milz

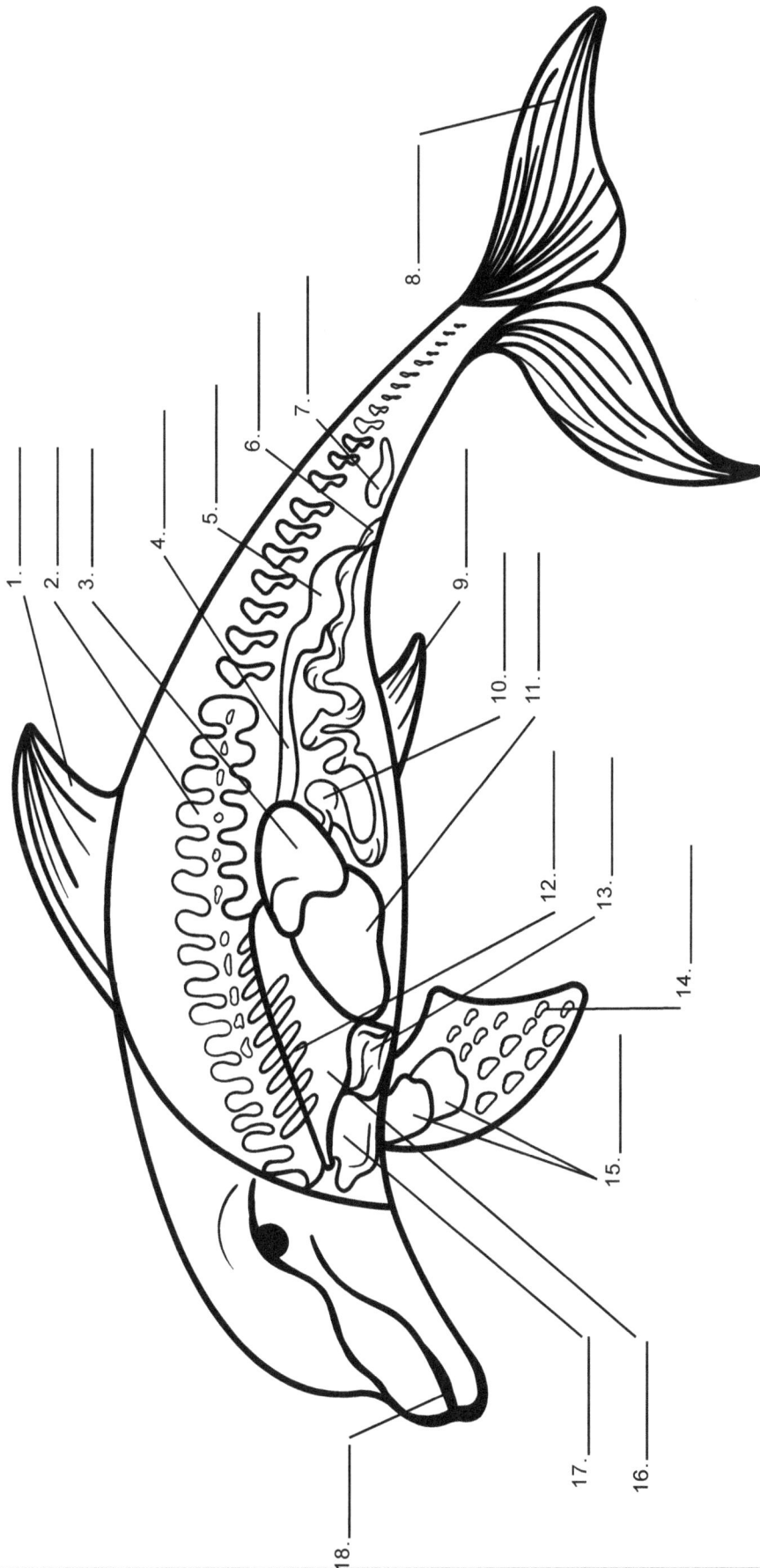

SCRUTANTEM DELPHINA UIDENT - DELPHIN

1.

2.

3.

4.

5.

6.

7.

8.

9.

10.

11.

12.

13.

14.

15.

16.

17.

18.

SCRUTANTEM DELPHINA UIDENT - DELPHIN

1. Rückenflosse
2. Die Wirbelsäule
3. Magen
4. Niere
5. Anus
6. Urogenitaler Schlitz
7. Becken
8. Fluke
9. Flipper
10. Darm
11. Leber
12. Rippe
13. Herz
14. Brustflosse
15. Humerus und Radius
16. Lunge
17. Scapula
18. Podium

OVIUM - SCHAFE

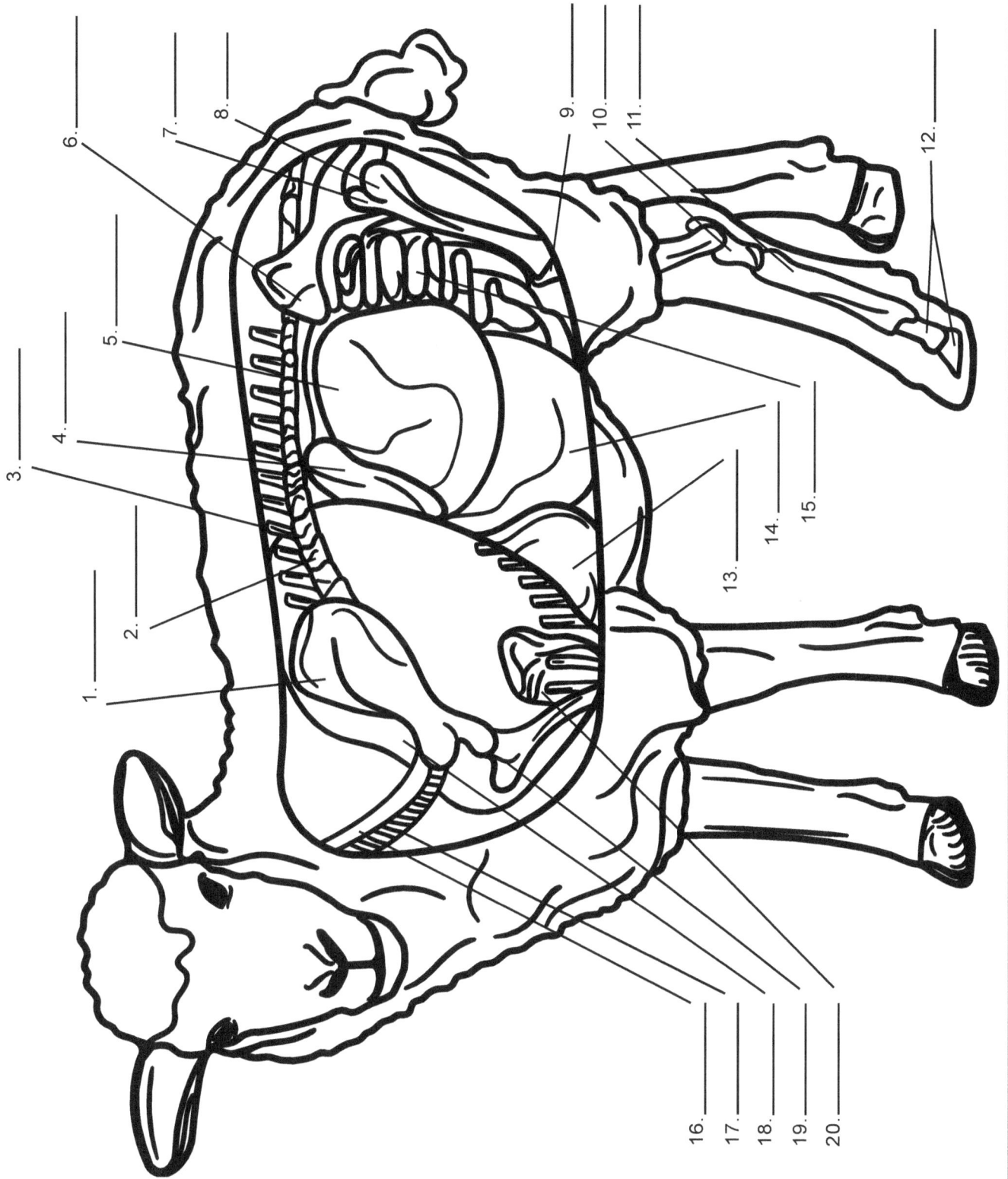

1.
2.
3.
4.
5.
6.
7.
8.
9.
10.
11.
12.
13.
14.
15.
16.
17.
18.
19.
20.

OVIUM - SCHAFE

1. Scapula
2. Die Wirbelsäule
3. Rippen
4. Milz
5. Dorsalsack des Pansen
6. Iliosakralgelenk
7. Hüftgelenk
8. Femur
9. Patella
10. Fußwurzelknochen
11. Mittelfußknochen
12. Fingerknochen
13. Abomasum
14. Ventraler Pansensack
15. Eingeweide
16. Speiseröhre
17. Luftröhre
18. Lunge
19. Humerus
20. Herz

CAPRA - ZIEGE

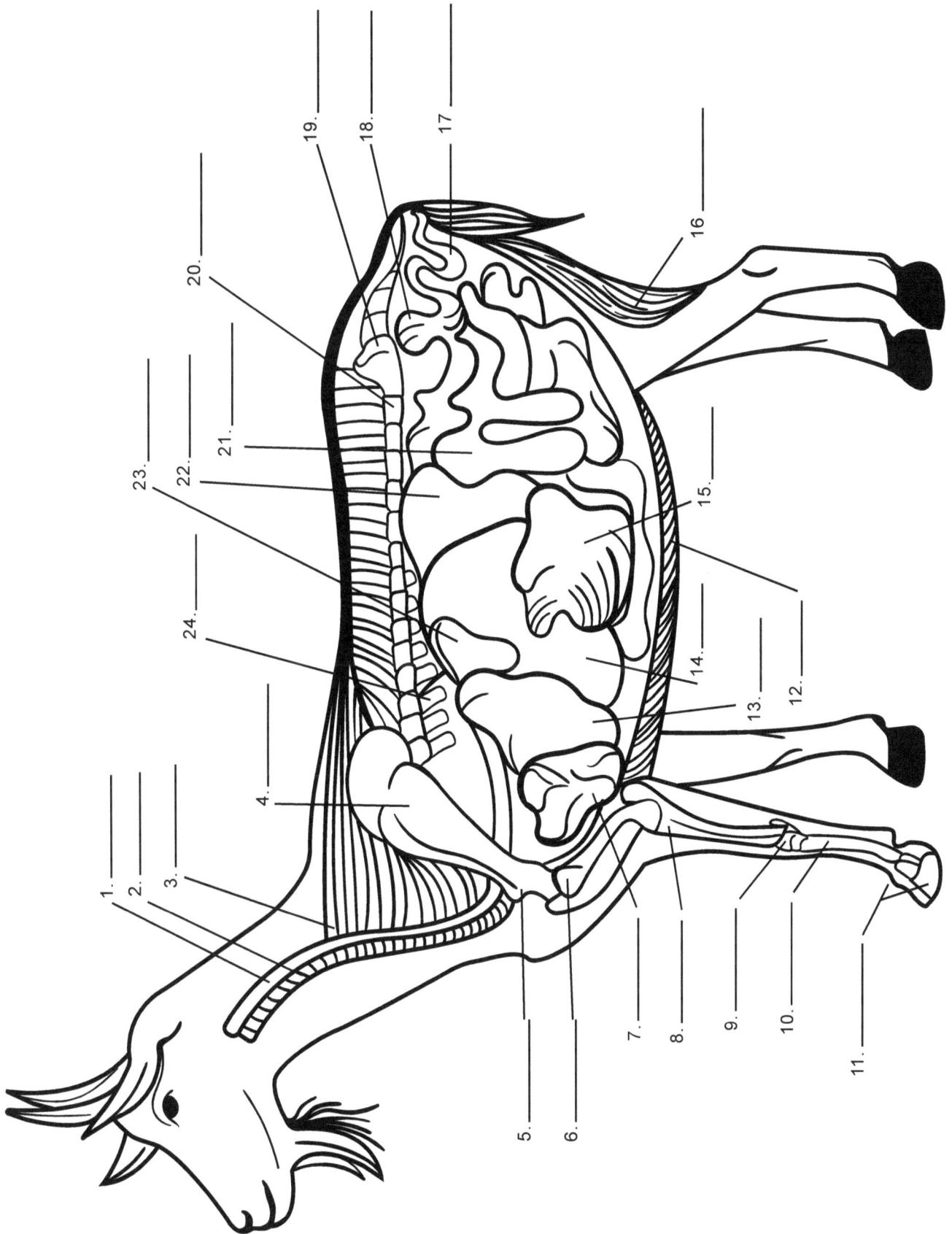

CAPRA - ZIEGE

1. Speiseröhre
2. Luftröhre
3. Trapezius-Muskel
4. Scapula
5. Akromion
6. Humerus
7. Herz
8. Radius und Ulna
9. Handwurzelknochen
10. Mittelhandknochen
11. Zahlenknochen
12. Aufsteigender Brustmuskel
13. Reticulum
14. Abomasum
15. Ventraler Pansensack
16. Peroneus longus
17. Rektum
18. Zökum
19. Sacrum
20. Wirbel
21. Darm
22. Dorsalsack des Pansen
23. Milz
24. Rippen

MUS - RATTE

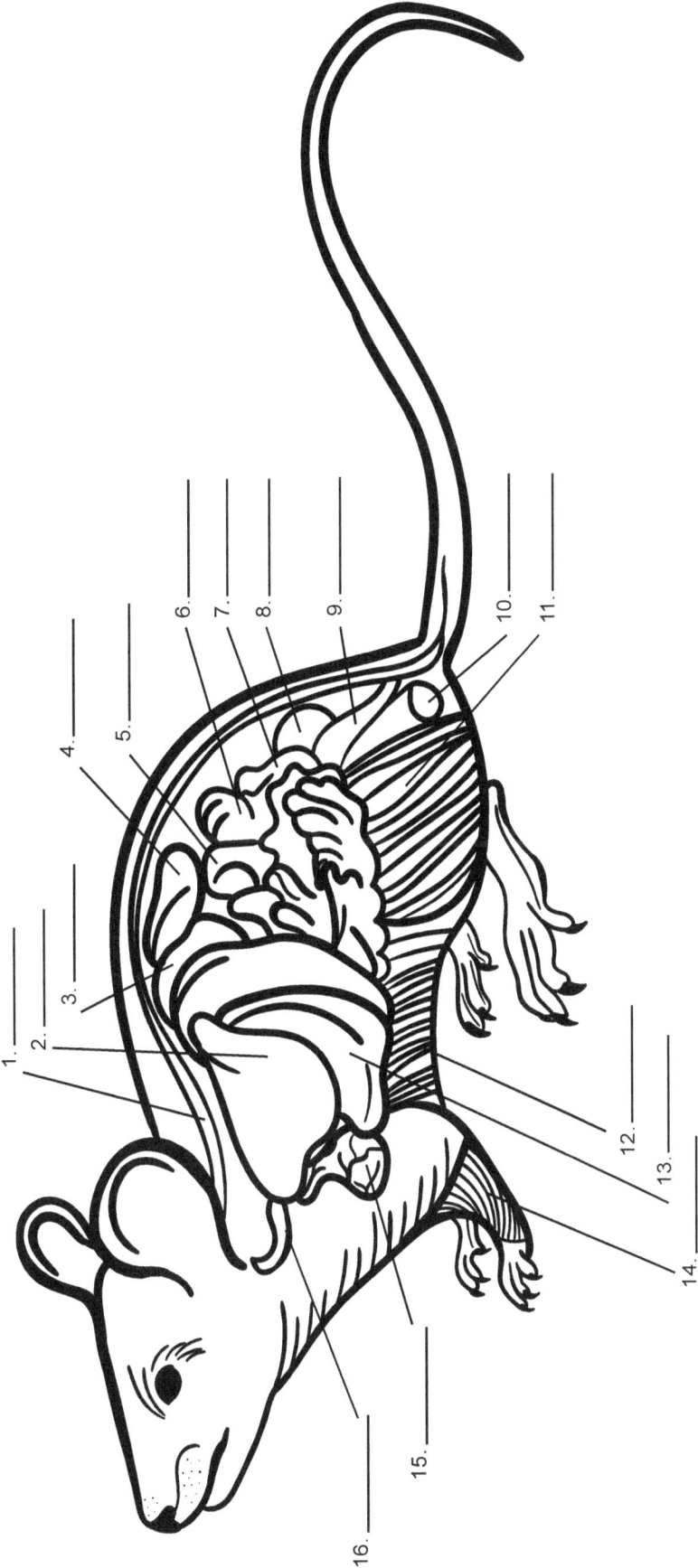

1.
2.
3.
4.
5.
6.
7.
8.
9.
10.
11.
12.
13.
14.
15.
16.

MUS - RATTE

1. Rückenmark
2. Lunge
3. Magen
4. Milz
5. Niere
6. Dickdarm
7. Dünndarm
8. Zäkum
9. Blase
10. Präputialdrüse
11. Bizeps femoris
12. Außen schräg
13. Leber
14. Bizeps brachii
15. Herz
16. Luftröhre

SPHENISCIDAE - PINGUIN

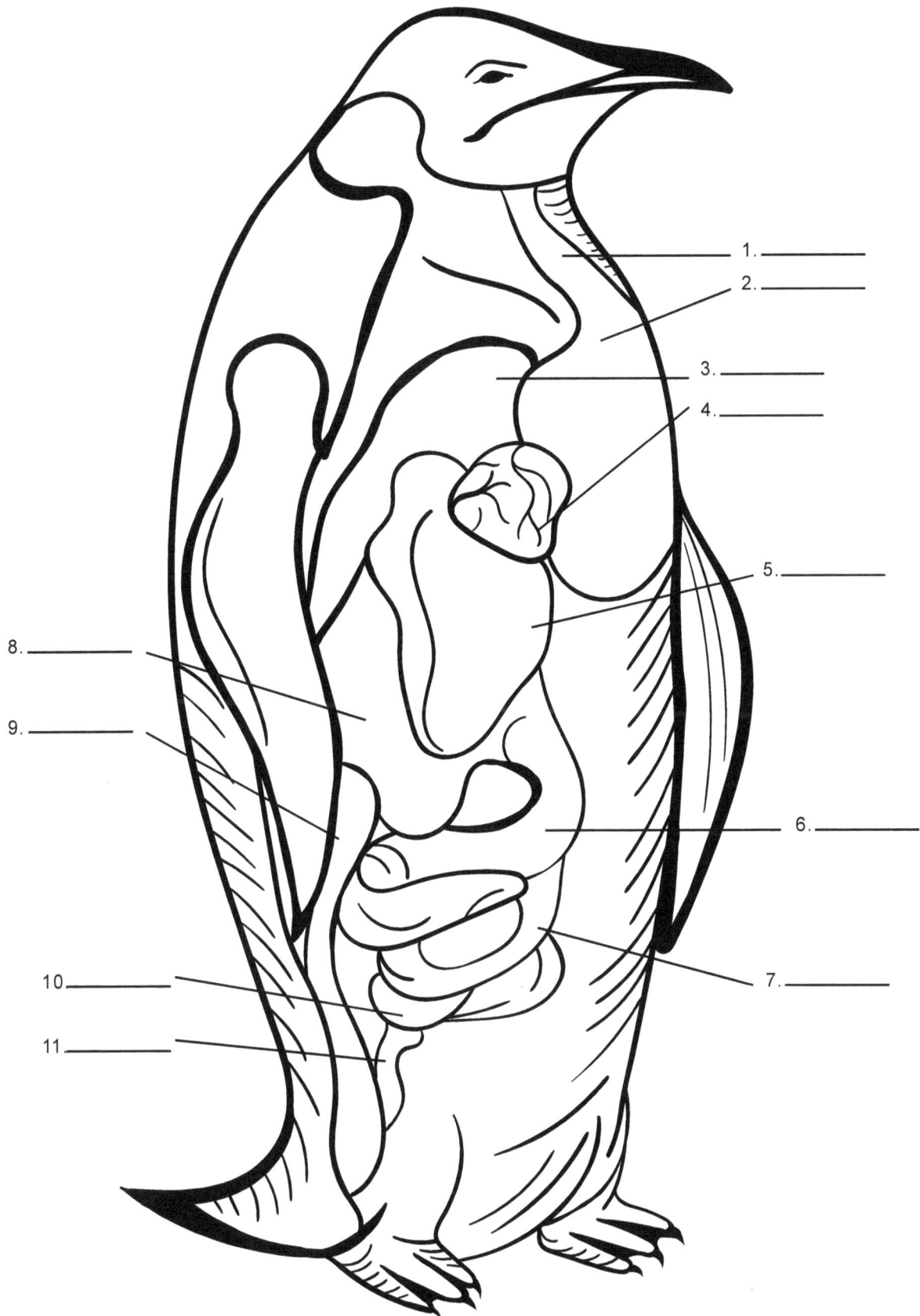

1. _____

2. _____

3. _____

4. _____

5. _____

6. _____

7. _____

8. _____

9. _____

10. _____

11. _____

SPHENISCIDAE - PINGUIN

1. Speiseröhre
2. Ernte
3. Lunge
4. Herz
5. Leber
6. Magen
7. Dünndarm
8. Kaumagen
9. Niere
10. Kloake
11. Rektum

SIGILLUM - SIEGEL

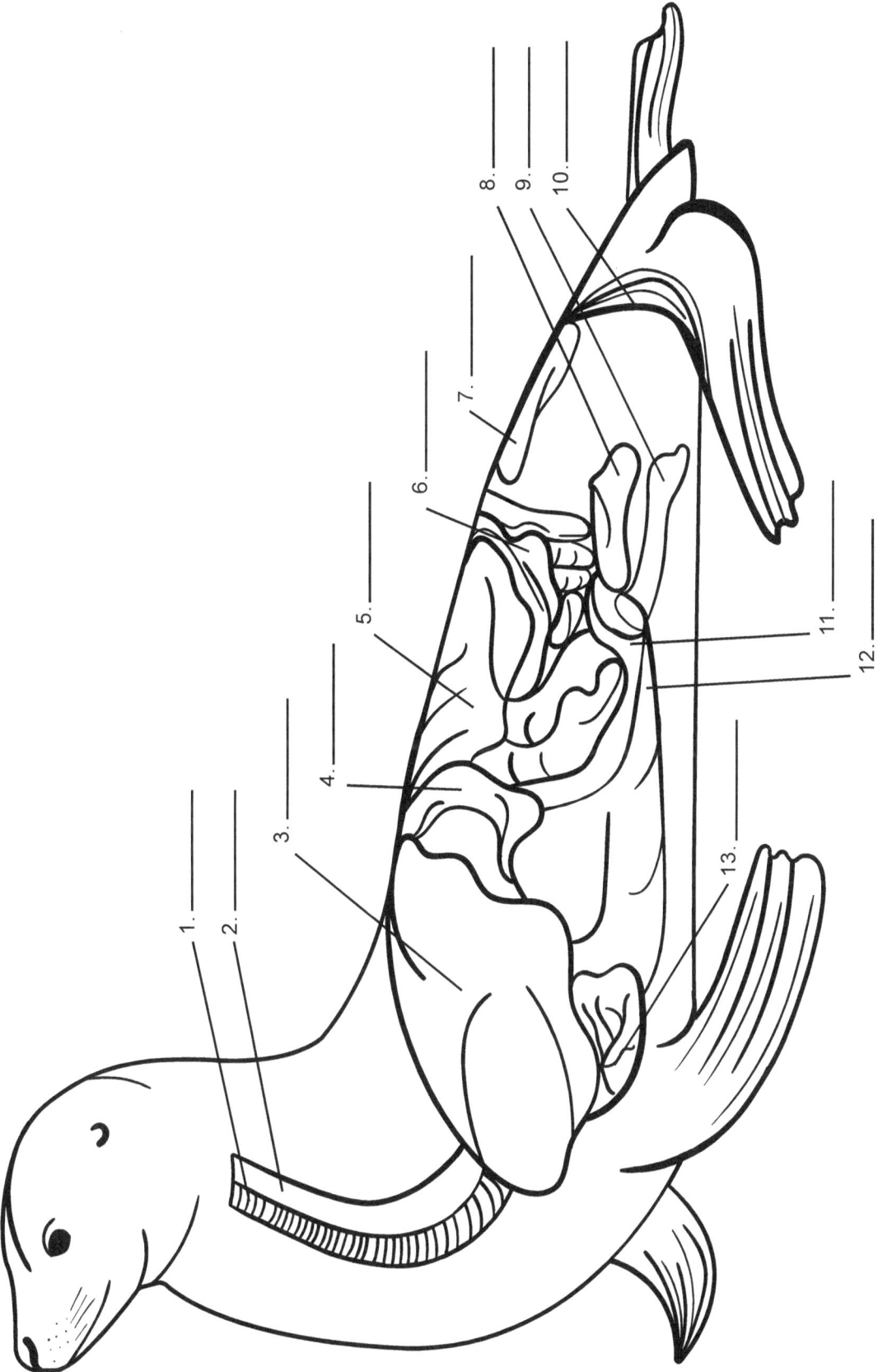

SIGILLUM - SIEGEL

1.   Speiseröhre
2.   Luftröhre
3.   Lunge
4.   Magen
5.   Niere
6.   Dickdarm
7.   Becken
8.   Blase
9.   Anus
10.   Schwimmender Muskel
11.   Dünndarm
12.   Leber
13.   Herz

RANAE - FROSCH

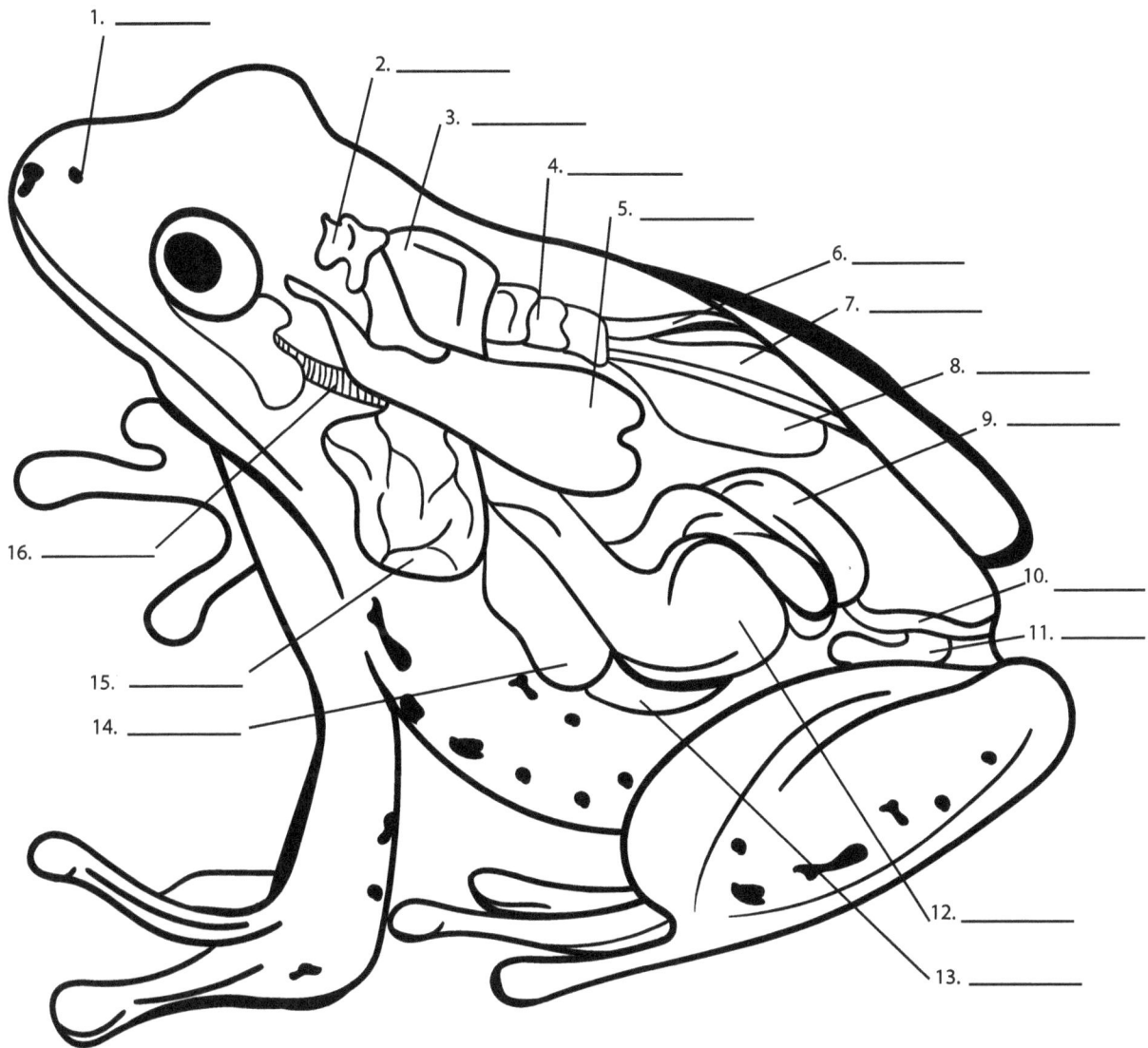

1. _____ _____
2. _____ _____
3. _____ _____
4. _____ _____
5. _____ _____
6. _____ _____
7. _____ _____
8. _____ _____
9. _____ _____
10. _____ _____
11. _____ _____
12. _____ _____
13. _____ _____
14. _____ _____
15. _____ _____
16. _____ _____

RANAE - FROSCH

1. Äußere Nasen
2. Atlas
3. Scapula
4. Wirbel
5. Lunge
6. Urostyle
7. Sacrum
8. Niere
9. Darm
10. Kloake
11. Blase
12. Magen
13. Bauchspeicheldrüse
14. Leber
15. Herz
16. Luftröhre

ANGUIS - SERPENTINE

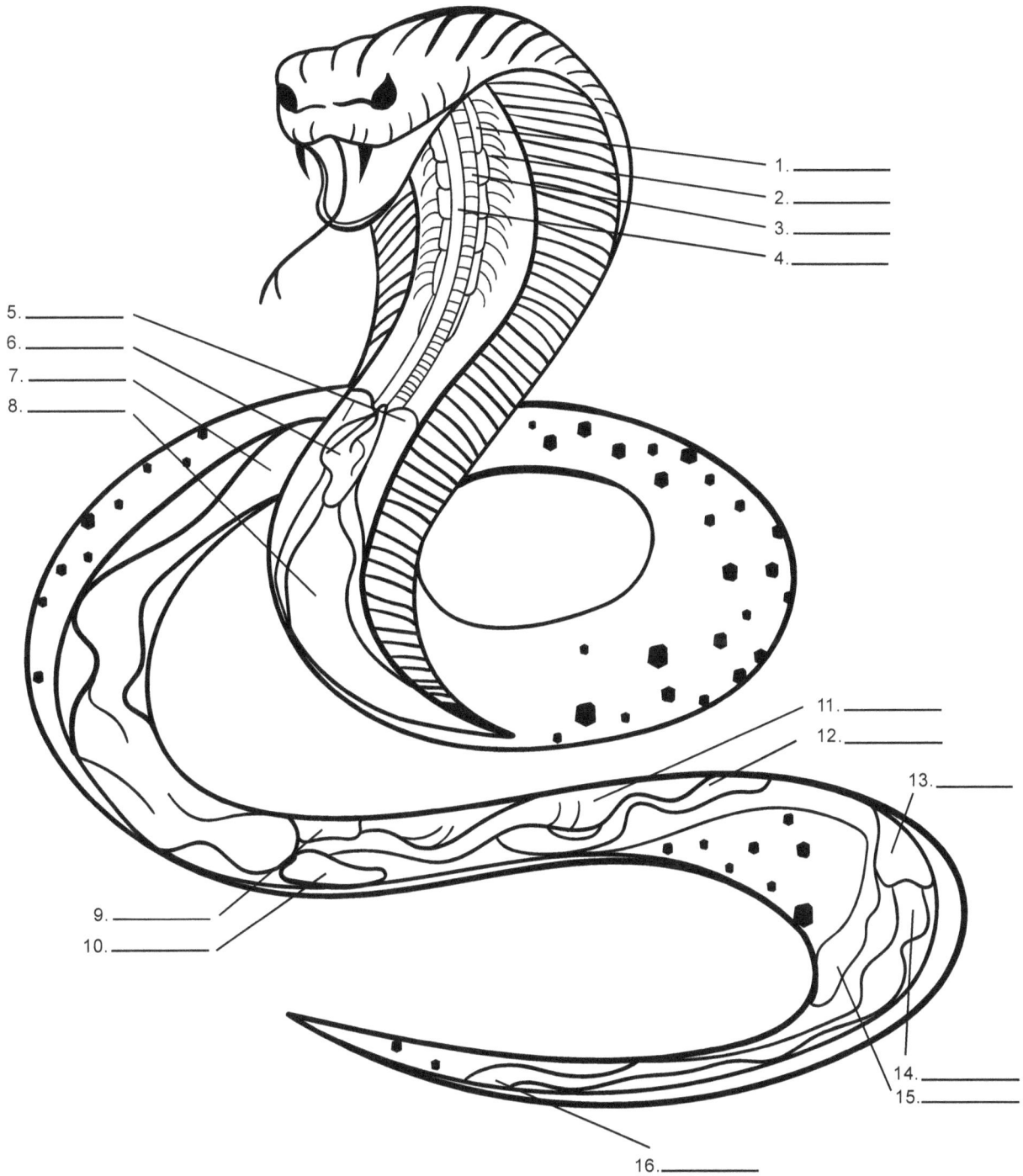

1. _____
2. _____
3. _____
4. _____

5. _____
6. _____
7. _____
8. _____

11. _____
12. _____
13. _____

9. _____
10. _____

14. _____
15. _____

16. _____

ANGUIS - SERPENTINE

1.   Wirbel

2.   Rippen

3.   Luftröhre

4.   Speiseröhre

5.   Lungen

6.   Herz

7.   Magen

8.   Leber

9.   Bauchspeicheldrüse

10. Gallenblase

11. Dickdarm

12. Dünndarm

13. Niere

14. Rektum

15. Hoden

16. Kloake

URSA - BÄR

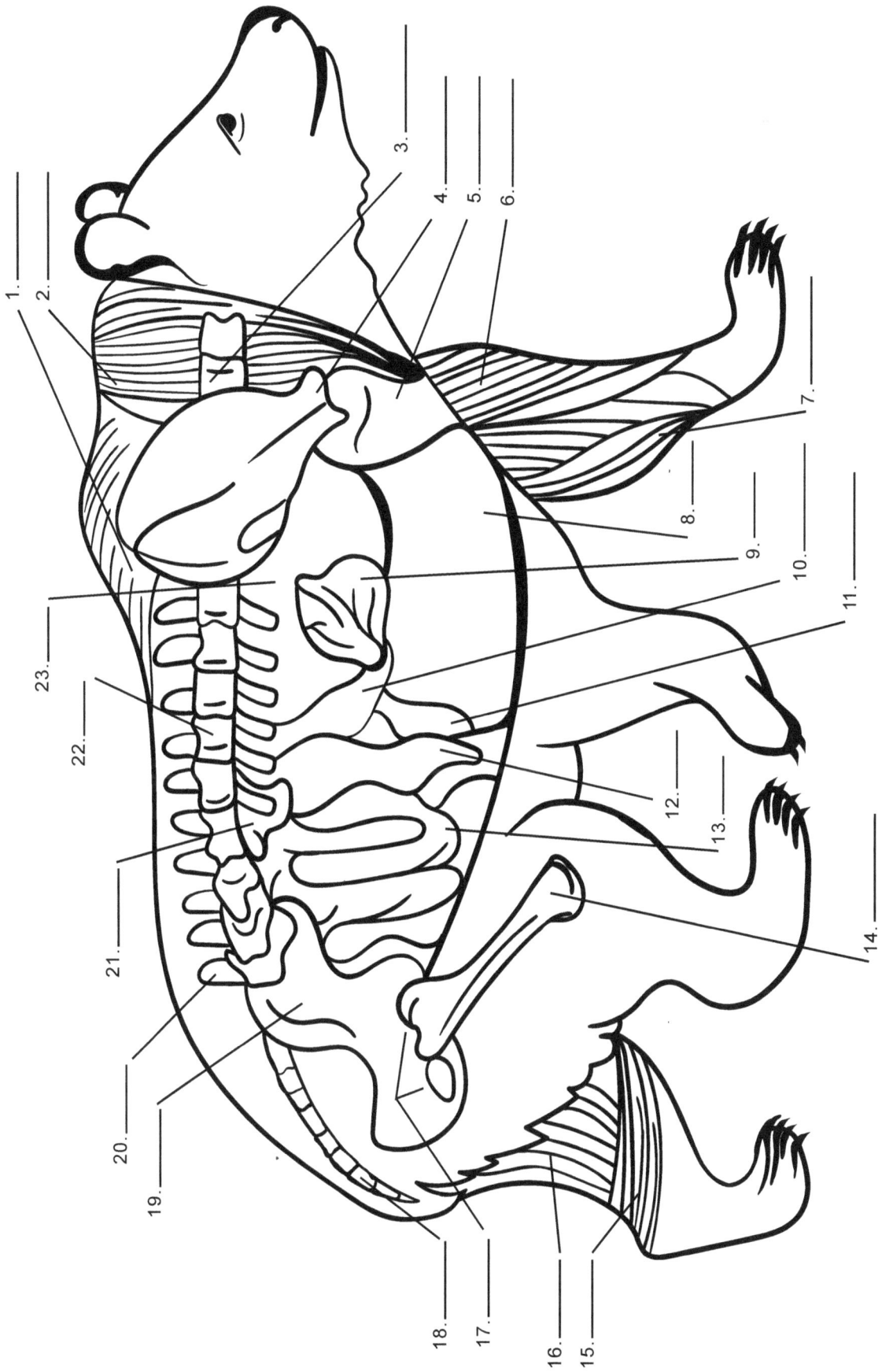

1.
2.
3.
4.
5.
6.
7.
8.
9.
10.
11.
12.
13.
14.
15.
16.
17.
18.
19.
20.
21.
22.
23.

URSA - BÄR

1. Trapezius
2. Kephalohumerale
3. Halswirbel
4. Scapula
5. Humerus
6. Extensor carpi radialis
7. Flexor carpi ulnaris
8. Magen
9. Herz
10. Leber
11. Milz
12. Diaphragma
13. Darm
14. Femur
15. Gastrocnemius
16. Gluteus medius
17. Becken & Ischium
18. Schwanzwirbel
19. Illium
20. Rippen
21. Niere
22. Brustwirbel
23. Lunge

SIMIA - AFFE

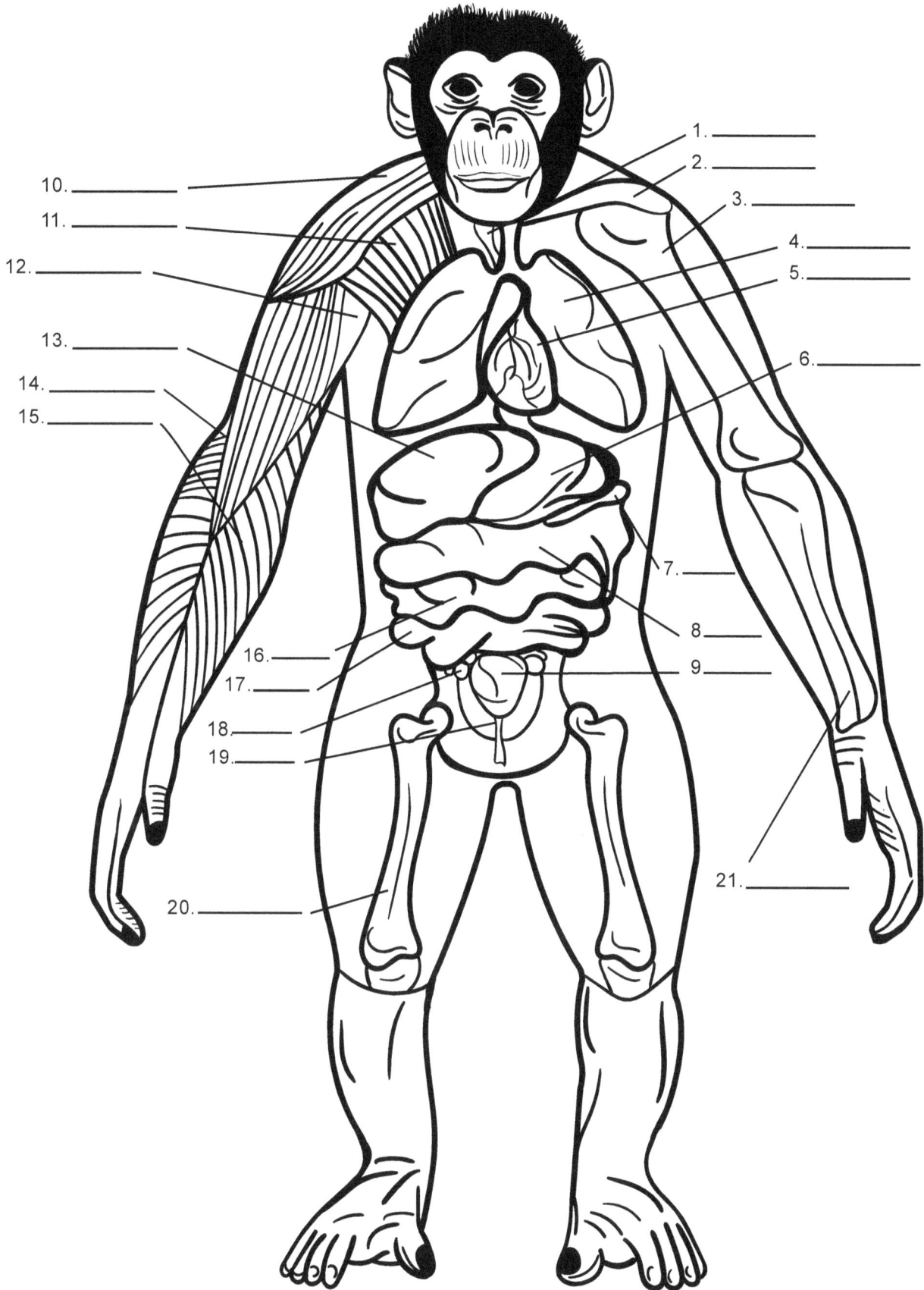

1. _____
2. _____
3. _____
4. _____
5. _____
6. _____
7. _____
8. _____
9. _____
10. _____
11. _____
12. _____
13. _____
14. _____
15. _____
16. _____
17. _____
18. _____
19. _____
20. _____
21. _____

SIMIA - AFFE

1.   Speiseröhre
2.   Klavikula
3.   Humerus
4.   Lungen
5.   Herz
6.   Magen
7.   Milz
8.   Dickdarm
9.   Blase
10. Deltoid
11. Brustflossen
12. Armbeuger
13. Leber
14. Streckmuskel
15. Beugemuskel
16. Dünndarm
17. Zökum
18. Eierstock
19. Urethra
20. Femur
21. Radius und Ulna

INAMABILIS SCIURUS - EICHHÖRNCHEN

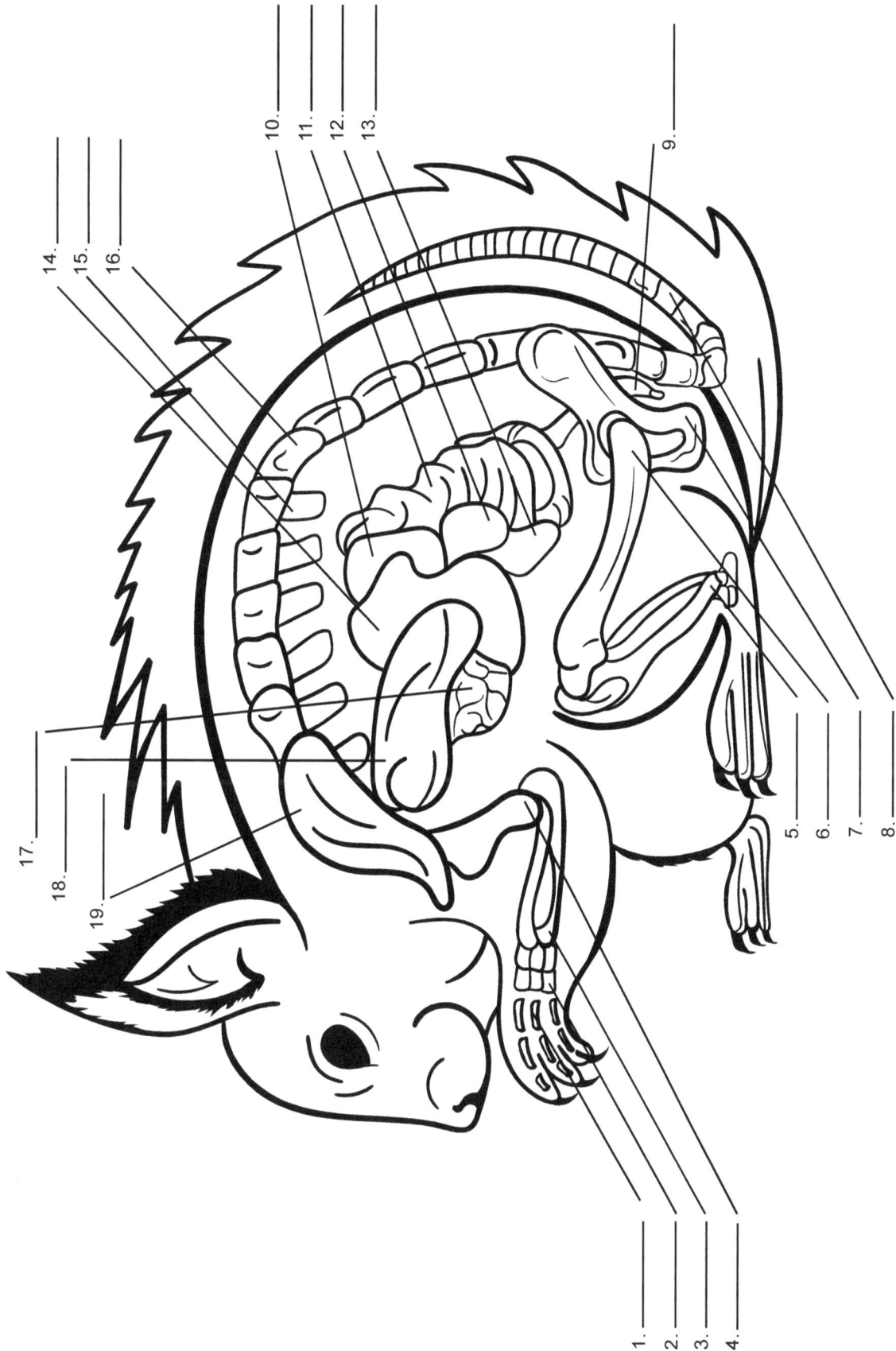

INAMABILIS SCIURUS - EICHHÖRNCHEN

1. Fingerknochen
2. Karpaten & Mittelhandkarpfen
3. Radius und Ulna
4. Humerus
5. Schienbein & Wadenbein
6. Femur
7. Ischium
8. Schwanzwirbel
9. Urethra
10. Dickdarm
11. Dünndarm
12. Niere
13. Leber
14. Magen
15. Rippen
16. Wirbel
17. Herz
18. Lunge
19. Scapula